U0335849

专家推荐语

　　人类的生活离不开塑料，然而，大量的废弃塑料正以惊人的速度污染我们的地球。塑料本身不是污染物，但塑料垃圾被随意丢弃到自然环境中难以降解，就会造成环境危害。只有让塑料垃圾进入塑料循环体系，再生成为新的产品继续为人类服务，才能够减少环境污染、节约资源、降低排放，为实现碳中和作出贡献。

　　塑料垃圾是放错了地方的资源，垃圾分类是塑料循环的第一步，也是最关键的一步。垃圾分类，教育先行。早期的环境教育不仅有助于培养小朋友的环保意识，还能激发他们对环境科学的兴趣。

　　本套丛书从不同视角介绍了塑料的"性格特点""前世今生""循环之旅"等，画风优美，内容生动有趣。绘本中的主人公与小朋友亲密互动，帮助小朋友了解塑料循环的知识，鼓励他们亲身参与到塑料垃圾分类中来，从而激发对生态文明与绿色发展的好奇心和探索心。

—— 杜欢政

– 碳中和与塑料循环环保科普教育丛书 –

认识
塑料 "大家族"

本书编委会 著

中国石化出版社

·北京·

认识塑料"大家族"

编撰委员会

总 顾 问：曹湘洪

主　　编：杜欢政　蔡志强

编　　委：陈　锟　高永平　刘　健　文　婧

文字撰稿：文　婧　蔡　静　孙　蕊

插　　画：丁智博　李潇潇

知识顾问：者东梅　钱　鑫　王树霞　吕　芸

　　　　　吕明福　初立秋　戚桂村　周　清

支持单位：中国石化化工事业部

　　　　　中国石化化工销售有限公司

　　　　　同济大学生态文明与循环经济研究所

　　　　　浙江省长三角循环经济技术研究院

塑料在我们的日常生活中无处不在，小朋友们，下面这几种塑料的用法，你们觉得正确吗？

哥哥把矿泉水喝完后，用空瓶接饮水机里的热水喝。

正确 ☐　错误 ☐

爸爸平时爱用彩色塑料袋装食物。

正确 ☐　错误 ☐

妈妈用塑料袋装剩菜剩饭，放入冰箱保存。

正确 ☐　错误 ☐

奶奶直接把外卖餐盒放进微波炉里加热。

正确 ☐　错误 ☐

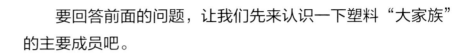

　　要回答前面的问题，让我们先来认识一下塑料"大家族"的主要成员吧。

　　塑料"大家族"包含很多家庭成员，例如聚乙烯（PE）、聚氯乙烯（PVC）、聚苯乙烯（PS）等。每个成员的"性格脾气"各不相同，如果用错了地方，就会导致健康和安全问题。

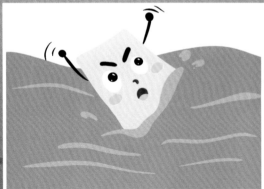

你知道吗，塑料也是有"身份证"的哦！

各种各样的塑料包装身上或者底部通常都会有一个数字图标，不同的编号对应不同的塑料，让我们一起来看看它们的"身份证"吧！

01
>PET<

聚对苯二甲酸乙二醇酯

手机贴膜

化妆品包装

饮料瓶

02
>PE-HD<

高密度聚乙烯

食品及药品包装袋

沐浴产品
包装瓶

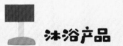

酸奶盒

03
>PVC<

聚氯乙烯

雨衣

橡皮

管材

 **04** >PE-LD< 低密度聚乙烯	牙膏等软管包装  保鲜膜  垃圾袋 
 **05** >PP< 聚丙烯	脸盆 吸管 快餐盒 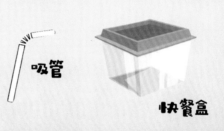
 **06** >PS< 聚苯乙烯	吸顶灯外壳 一次性餐具 泡面盒 
 其他 其他	水杯 行李箱 仿瓷餐具 

01号塑料（PET）常用于制作矿泉水瓶和碳酸饮料瓶。它不耐热，使用温度不能超过 70℃，加热或装开水容易变形，会分解出有害物质，反复使用后，可能会释放出有毒性的致癌物。因此，用完就应该及时回收，不能反复使用哦。

应及时回收处理

02 号塑料（PE-HD）主要成分是聚乙烯，多用于沐浴露、洗发水、护肤品和药品的容器。这种塑料密度很高，很结实，可耐受110℃高温，可以重复使用。

03号塑料（PVC）常用于制作雨衣、胶皮管等。它价格便宜、可塑性好、耐磨、抗酸，但是遇到高温和油脂可能会释放有毒物质。因此，不能用它包装食品。

注意使用条件

03
>PVC<

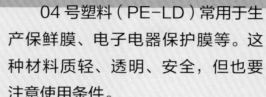

04 号塑料（PE-LD）常用于生产保鲜膜、电子电器保护膜等。这种材料质轻、透明、安全，但也要注意使用条件。

柔韧性好

虽然 04 号塑料的主要成分也是聚乙烯，但与 02 号塑料不同，它更加柔软透明，可以被制成保鲜膜，用于包裹蔬菜和水果。

05 号塑料主要成分是聚丙烯（PP），是应用最广泛的材料之一，生活中常用的奶茶杯、快餐盒等都是由它制作的。它可耐 130℃高温，可以放入微波炉加热，也可以制成保鲜盒放在冰箱里冷藏保鲜食物。

可耐高温

06 号塑料的主要成分是聚苯乙烯（PS），常用于制作碗装泡面盒。这种塑料比较耐热，但不能用微波炉加热，更不能长时间装强酸性（如柳橙汁）、强碱性、滚烫物质。这种塑料耐用性也较差，建议使用一次就回收处理。

耐用性较差

塑料"大家族"中除了上面的几种塑料外，还有很多家庭成员。我们可以通过查阅国家标准 GB/T 16288—2008《塑料制品的标志》来认识它们。不同的塑料具有不同的"性格"，它们有的不能被高温消毒，有的不能被太阳直晒，在使用之前一定要搞清楚他们的"脾气"哦。

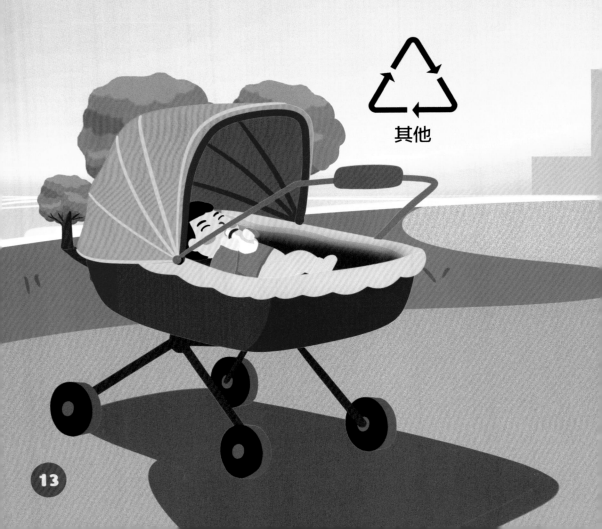

其他

填一填：请把塑料名称填到相应的位置。

( ) 34.4%

( ) 24.2%

( ) 16.5%

( ) 7.7%

( ) 7.3%

　　尽管塑料种类繁多，但以下5种塑料占全部塑料产量的90%以上（按重量来算）：
- PE 聚乙烯（02号塑料和04号塑料）（34.4%）
- PP 聚丙烯（05号塑料）（24.2%）
- PVC 聚氯乙烯（03号塑料）（16.5%）
- PET 聚对苯二甲酸乙二醇酯（01号塑料）（7.7%）
- PS 聚苯乙烯（06号塑料）（7.3%）

小朋友们，相信你已经认识塑料"大家族"的主要成员了。那么，让我们来想一想本书开头提到的做法，哪些是对的，哪些是不合理的呢？

妈妈用塑料袋装剩菜剩饭，放入冰箱保存。（✗）

塑料袋大多是 PE 材质，在常温下装一些日常用品没有问题，但是装生鲜食品则未必合适。只有"食品级"PE 塑料袋，才能用来装生鲜食物。

聚乙烯（PE）主要分为高密度聚乙烯、中密度聚乙烯和低密度聚乙烯。它们都有各自显著的优缺点，加工时往往还要添加其他成分，所以生活中要特别注意使用说明。保鲜膜用于冷冻保鲜时，要选用零添加剂的低密度聚乙烯，尽可能不用塑料袋或塑料盒长时间储存油脂较高的食物。

我们一定要认清塑料包装上的数字，了解这些数字代表的含义。对于塑料"大家族"的每个成员，要根据其特性合理使用、分类处理，促进塑料的循环回收和再生利用，减少对环境的污染，爱护我们共同的家园。

哥哥把矿泉水喝完后，用空瓶接饮水机里的热水喝。（✕）

不能用矿泉水瓶装热水。PET 塑料耐热性差，使用温度不能超过 70℃。

彩色塑料中可能包含有毒
有害的成分，尤其是常被用来
装海鲜的黑色塑料袋，不要直
接装食物。

爸爸平时爱用彩色
塑料袋装食物。（❌）

PP 餐盒在放入微波炉前要取
下盖子。有些外卖餐盒的盒体是
05 号 PP 制造的（可以加热），
但盒盖却是用其它塑料制造的，要
特别注意不能用微波炉加热这样的
餐盒盖哦。

奶奶直接把外卖餐盒放
进微波炉里加热。（❌）

塑料博士小课堂 —— 你问我答

塑料"大家族"中的所有塑料废弃后都可以循环再利用吗?

限于目前的技术和经济条件，不是所有类型的废弃塑料都可以循环再利用。这取决于塑料的类型、污染程度以及当地的回收设施等。让我们来看看塑料"大家族"中各成员的可回收情况吧！

01 号塑料 PET：通常用于饮料瓶和食品容器，这种类型的塑料较容易被回收。

02 号塑料 PE-HD：通常用于酸奶盒、洗洁精容器和购物袋，这类塑料回收率也是较高的。

03 号塑料 PVC：虽然理论上可回收，但由于其中含有氯，回收过程复杂且成本较高，因此它的回收率相对较低。

04 号塑料 PE-LD：通常用于制造塑料薄膜和垃圾袋，回收较困难，但通过技术的提升，可以使更多的 PE-LD 被循环利用。

05 号塑料 PP：用于食品容器、快餐盒、吸管等，过去这类塑料回收率不高，随着技术的进步，越来越多的 PP 将会被回收。

06 号塑料 PS：通常用于一次性餐具和包装泡沫，这类材料由于清洁和回收成本问题，回收率不高。

其他塑料：回收难度较大。因为它们可能是混合材料或者是复合塑料，使它们的处理和分类变得更加复杂。

随着科技的发展，越来越多的塑料制品进入我们的日常生活中，塑料的回收利用也越来越完善。现行的塑料制品标志多达 140 项，包含了通用塑料、工程塑料、可生物降解塑料等多个细分种类，并且在新标志的右侧增加了功能性说明和补充性说明，能够帮助我们更好地进行识别、分类和回收利用。

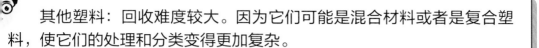

为什么常见的塑料制品上的回收标志有两种表示形式？

这是因为现行的国家标准 GB/T 16288—2008《塑料制品的标志》和 GB/T 18455—2022《包装回收标志》分别从两种角度对塑料的分类表示方式做了规范要求。虽然两者有微小的差异，但这两种标志都是对的。

塑料博士小课堂 —— 你问我答

为什么要推动塑料循环经济?

1. 节约化石燃料资源

塑料是一种非可再生资源,其生产需要消耗大量的石油等化石燃料。通过循环回收利用塑料,可以减少对石油资源的依赖,节能降耗。

2. 减少环境污染

塑料制品的大量使用和丢弃导致了严重的环境污染问题,如塑料垃圾堆积、塑料微粒污染等。通过循环回收利用塑料,可以减少塑料垃圾的产生,从而减少环境污染。

3. 减少温室气体排放

塑料的生产和处理过程中会产生大量的温室气体,如二氧化碳和甲烷等。通过循环回收利用,可以减少塑料的生产需求,从而减少温室气体的排放。

4. 促进经济发展

塑料循环回收利用不仅创造了许多就业机会,还带动了相关产业的发展。回收塑料可以用于再生制品的生产,如再生塑料袋、纤维和建筑材料等。这不仅可以降低生产成本,还可以为企业带来可观的经济效益,提高企业的竞争力。

5. 推动可持续发展

在全球范围内，许多国家和地区已经意识到塑料污染对环境和人类健康的威胁，纷纷采取行动推进塑料回收利用。通过改进回收技术和加强监管措施，我们可以建立一个更加可持续的塑料循环经济体系，减少对环境的负面影响。

什么是循环经济？

循环经济亦称"资源循环型经济"，是指以资源节约和循环利用为特征的兼顾经济发展与环境保护双重目标的经济发展模式。"3R 原则"是循环经济活动的行为准则，即减量化 (Reduce)、再使用 (Reuse) 和再循环 (Recycle)。

国家发展改革委对循环经济的定义是：循环经济是一种以资源的高效利用和循环利用为核心，以"减量化、再利用、资源化"为原则，以低消耗、低排放、高效率为基本特征，符合可持续发展理念的经济增长模式，是对"大量生产、大量消费、大量废弃"的传统增长模式的根本变革。

认识塑料"大家族"

PET、PP、PVC……这些看似陌生的字母组合，在书中化身为有趣的角色，展现出了它们独特的个性和魅力。

慈祥的PET奶奶经常用作饮料瓶但是不能反复使用，和蔼的PVC爷爷用途广但是怕高温油脂，温柔的PP妈妈可耐高温常用于包装食品，能干的PE-LD爸爸多用于保鲜膜等食品包装，漂亮的PE-HD姑姑常用于沐浴露和洗发水包装，活泼的PS小朋友常用于泡面盒、餐盒包装……它们共同构成了一个多姿多彩的塑料世界。

塑料如同大海里的浪花，千姿百态，却也隐含着无尽的深意。通过与塑料"大家族"成员们的亲密接触，我们不仅了解了塑料的特性和用途，更明白了塑料在我们生活中的重要性和必要性。

希望小朋友们通过阅读，在感受塑料的神奇和多样性的同时，能够学会正确使用塑料制品，妥善处理废弃塑料，从小培养塑料循环利用意识，珍惜身边的资源，为保护地球环境贡献自己的力量。让我们和塑料"大家族"一起，共同守护这片神奇的大地，创造一个更美好的未来吧！